U0266858

一盆一景一世界　半农半艺半神仙

中国盆景年鉴 2023

《花木盆景》编辑部◎主编

長江出版传媒
湖北科学技术出版社

《中国盆景年鉴2023》编委会

（以姓氏笔画为序）

目　录

李成寒林平野

第一章

2023年大事记

2023 NIAN　DASHIJI

2023.1.5

三亚市 2023 年迎春盆景艺术展

2023 年 1 月 5 日，由海南省盆景专业委员会、三亚市林业局主导，三亚市盆景协会主办的“三亚市 2023 年迎春盆景艺术展”在白鹭公园市民广场开幕。三亚市政协原副主席林国辉，海南省盆景专业委员会及三亚市盆景协会代表刘传刚、林文、王礼勇、侯明刚、陈雄、谢新庆、刘毓金、雷家才、陈默、林星标、邢红卫等 150 余人参加了开幕式。刘传刚代表海南省盆景专业委员会致辞，他对此次展览给予了高度的评价，他认为，三亚是海南盆景的发祥地，海南盆景的根在三亚，此次展览必将推动三亚盆景事业的发展。

本次三亚市 2023 年迎春盆景艺术展参展作品 120 件，以海南特有的博兰盆景为主，经评委会认真评选，共评出金奖作品 10 件、银奖作品 20 件、铜奖作品 30 件。

2023.1.19

2023“流花杯”迎春盆景展

一年一度的“流花杯”迎春盆景展是广州市流花湖公园的特色春节活动，2023年1月19日至2月5日，2023“流花杯”迎春盆景展如约而至。本届盆景展由广州市流花湖公园主办、广州盆景协会协办，展出诸多优秀的盆景作品，并开展盆景技艺传承讲座、盆景制作体验等活动，让观众充分感受岭南盆景的艺术魅力。

岭南盆景以其苍劲雄秀、清新高雅、潇洒自然、独具岭南风貌的特色蜚声中外。本届展览展出广东省内精品盆景作品130多件，其中附石盆景作品50多件。多件参展作品曾获国内大型展览金奖。众多参展作品在立意、结构、布局、技法、造型等方面进行了新的尝试，将传统与现代巧妙结合，造型新颖、手法多样、情景交融、意蕴深远，让观众耳目一新。

2023.1.25

台州植物园
2023 年春节梅桩盆景展

由台州植物园与台州市风景园林学会联合举办的春节梅桩盆景展于 2023 年 1 月 25 日至 2 月 5 日在台州植物园成功举办。

自 20 世纪 60 年代以来，梅桩盆景就在浙江台州的黄岩等地大量培植，梅桩历经风吹雨打，形成枯峰突兀、扭筋转骨、盘根错节的形态，具有“古、枯、奇、曲、瘦、透”等艺术特色。台州梅桩盆景在全国各类盆景展览中屡获大奖。20 世纪 90 年代初，中国工程院院士、中国花卉协会蜡梅梅花分会会长陈俊愉教授在考察台州黄岩一带的梅桩盆景后，亲笔题词“黄岩梅桩惊天下”，以黄岩为中心的台州梅桩盆景享誉业界。

浙江台州拥有较高规格的梅桩盆景数千盆，种养梅桩盆景人数众多。台州植物园 2023 年春节梅桩盆景展共展出精品梅桩盆景 250 盆，各种花色梅花相继开放，暗香浮动，疏影横斜，高洁优雅，美不胜收。

应台州市风景园林学会盆景分会邀请，中国风景园林学会花卉盆景赏石分会及浙江风景园林学会花卉盆景赏石分会领导、嘉宾唐森林、王恒亮、魏积泉、邓衍明、唐宇力、沈洪兵、王爱民、夏国余、徐昊等莅临台州，欣然观展并作指导。台州市园林部门有关领导倪海燕、李亚平、陈朝平、陶杨华及台州市风景园林学会盆景分会会长管银海等也参加了本次展览。

2023.2.25

上海市盆景赏石协会 60 周年庆典展

2023 迎新暨上海市盆景赏石协会 60 周年庆典展于 2 月 25 日至 28 日在上海植物园成功举办。本次展览是“精致园艺，海派上植”文化传承系列活动之一，以海派盆景为载体，用盆中景象展现壮美山河，表达对上海市盆景赏石协会 60 华诞的祝福。

上海市盆景赏石协会成立于 1962 年，秉承服务社会、服务会员的宗旨，以繁荣发展盆景赏石艺术为目标，提倡学术民主，坚持实事求是，团结和组织广大盆景赏石爱好者，积极推动盆景赏石事业的发展。60 年来，上海市盆景赏石协会在上海市绿化和市容管理局的指导及上海植物园的支持下，多次成功举办重大盆景展会，先后涌现出中国盆景艺术大师殷子敏、李金林、汪彝鼎、邵海忠、胡荣庆、王元康、乔红根、申洪良，以及国际盆景协会（BCI）国际盆景大师赵伟等人才，创作了一大批享誉全国的精品盆景。

本次展览汇集展品 160 余件，包括树木盆景、水旱盆景、微型盆景组合、山水盆景和赏石藏品。60 周年庆典展有三个方面的内容，分别是协会会员盆景作品展示、盆景协会 60 周年发展回顾、海派盆景非遗传承人作品展示，充分体现了海派盆景“师法自然，苍古入画”的艺术特色和上海赏石艺术深厚的文化底蕴。

2023.3.24

第三十届广州园林博览会盆景展

2023 年 3 月 24 日，第三十届广州园林博览会在云台花园开幕。

广州园林博览会创办于 1994 年，是由广州市林业和园林局主办的园林绿化界高层次的盛会，也是广州传统的花事盛会。本届园林博览会运用“园林 +”的形式，突破单一的园林概念，融合盆景、摄影、雕塑等多种艺术形式，打造一场文化博览盛宴。

岭南盆景是中国盆景传统艺术流派之一，因其苍劲雄秀、清新高雅、潇洒自然的艺术风格，深受中外人士赞赏。在本届广州园林博览会分会场流花湖公园，公园管理处联合广州盆景协会承办了本次盆景展。展览依托“岭南盆景之家”——流花西苑深厚的盆景文化底蕴，将室外分散的节点与园路整合为统一的院落式布局，运用中国传统造园中借景、障景、框景等手法营造迂回曲折的观展线路，在虚实、前后、远近的对比中体现空间和层次感，与展出的岭南盆景作品相得益彰。室内展区重在展示中小型盆景作品，并利用展板科普岭南盆景的历史与文化，让观众充分领略岭南盆景的艺术魅力。

此外，流花西苑还开展了盆景技艺传承讲座、盆景集市、创意盆景制作等活动及古盆、赏石主题展览，为观众呈献了一场集盆景艺术欣赏、文化传承、交流互动等于一体的艺术盛宴。

第二届浙江省“中栋杯”盆景艺术展 2023.3.25

由浙江省花卉协会主办，浙江省花卉协会盆景分会、杭州中栋国际花木城等承办的第二届浙江省“中栋杯”盆景艺术展于 2023 年 3 月 25 日在杭州市萧山区中栋国际花木城开幕。浙江省花卉协会会长邢最荣，中国花卉协会盆景分会副会长、浙江省花卉协会盆景分会会长袁心义，中国花卉协会盆景分会秘书长郝继锋及萧山区相关领导参加开幕式。

本届展览汇集浙江十余地市送展精品盆景 200 余件，树种涵盖黑松、马尾松、真柏、五针松、赤松、榆树、黄杨、雀梅、老鸦柿等，既展示了浙江在松柏盆景方面的实力，也展示了浙江杂木盆景不同于岭南杂木盆景的孤傲、飘逸的文人气息。作品或端庄大气、气势非凡，或古朴苍劲、虬曲多姿，或绿意盎然、生机勃勃，为观众奉献了一场佳作纷呈、精品荟萃的盆景艺术盛宴。

浙江省历来是中国盆景强省，盆景文化历史源远流长。当代浙江盆景师承宋明以来“高干合栽”的写意传统，挖掘内涵，重视表现个性的造型意向，展示巍然挺立、奋发向上的精神风貌。浙江盆景树种以松柏为主，杂木为辅，以黑松、五针松、赤松、天目松、罗汉松、真柏等为代表的松柏盆景享誉全国。松类盆景作品多苍劲古朴，轻松明快，有独木、双干及三五干合栽等多种形式；柏类盆景善用神枝舍利，古拙有韵，虬曲多姿。以榆树、雀梅、梅花等为代表的传统杂木盆景以及近年炙手可热的老鸦柿盆景，在浙江都有广泛的爱好者群体。

在浙江省花卉协会的支持下，浙江省花卉协会盆景分会以弘扬浙江盆景文化、壮大盆景产业为己任，开展了一系列卓有成效的工作，先后创办了“浙江杯”盆景展、浙江省盆景技能操作大赛、浙江省“中栋杯”盆景艺术展等品牌，每年举办展览及技艺交流活动，成为发掘盆景创作人才、展示浙江盆景新形象的平台，成为推动浙江盆景事业发展的重要力量。

中国·新沂 2023 第三届精品盆景邀请展暨全国盆景展销会

2023.4.8

2023 年 4 月 8 日，由中国风景园林学会花卉盆景赏石分会及江苏省新沂市委、市政府联合主办，新沂市盆景协会、安徽金松新能源环保材料有限公司、新沂市文联、新沂市钟吾街道办承办的中国·新沂 2023 第三届精品盆景邀请展暨全国盆景展销会在新沂市盆景产业园区开幕。新沂市钟吾街道办事处党工委书记朱贝主持开幕式，中国风景园林学会花卉盆景赏石分会领导刘传刚、唐森林、王恒亮、魏积泉、禹端、沈柏平、吴德军、沈洪兵、邓衍明，及新沂市委副书记郑伟、徐州市乡村振兴局副局长王松松、新沂市农业农村局局长魏联善、新沂市文联主席韩师伟、新沂市盆景协会会长刘奎斌等参加了开幕式。

新沂市隶属江苏省徐州市，古称钟吾，是中国南北交通线上的重要节点，南方、北方树种在新沂多数能生长良好。新沂市盆景产业从业人员多，新沂市盆景协会拥有会员 400 余人，盆景是新沂具有特色和潜力的新兴产业之一，盆景艺术成为新沂享誉全国的文化名片。2000 年，新沂市建成占地近千亩的创意盆景小镇（盆景产业园区），有 300 余家私家盆景园进驻。

此次盆景邀请展不仅有新沂盆景协会会员作品，还有江苏连云港、宿迁、扬州、盐城、淮安，以及山东、河南、安徽等地的盆景参加展览，展品 200 余件，以松柏为主，作品质量高，佳作众多。展会期间，刘传刚、王恒亮、吴德军等先后进行了盆景学术讲座和现场创作表演。此次展览也吸引了各地盆景从业者积极参与，盆景桩材、紫砂盆器、工具资材琳琅满目。

2023 绍兴“华绿杯”盆景艺术展暨浙江省第七届“会稽山杯”香榧盆景展

2023.4.14

2023 年 4 月 14 日，由浙江省香榧产业协会、绍兴市自然资源和规划局主办，绍兴市盆景艺术协会、绍兴市香榧协会、绍兴市花卉协会承办的 2023 绍兴“华绿杯”盆景艺术展暨浙江省第七届“会稽山杯”香榧盆景展在绍兴市越城区镜湖广场开幕。

绍兴人文历史丰富，文化底蕴深厚，以江南风光著称于世。绍兴盆景历史悠久，爱好者众多，文化传承深厚，盆景树种丰富，以榆树、雀梅等杂木盆景见长，功力老到，枝节过渡自然，气质飘逸，鸡爪枝细致入微，富有神韵。绍兴香榧是传承千年的传奇，作为第三纪孑遗植物，香榧被称为“活化石”，亦是绍兴市树。穿越千年的时光，集自然造化和历史文化于一身的香榧焕发出勃勃生机。浙江省“会稽山杯”香榧盆景展已经举办了 6 届，促进了香榧文化与产业的协调发展。

此次展览旨在展示绍兴市盆景艺术发展水平，发掘优秀作品，并融合香榧产业发展，积极拓展香榧品牌。展览汇集以香榧、榆树、雀梅、三角枫等为主要树种的盆景 350 盆，精品荟萃，琳琅满目。此次展览还邀约盆景及资材经营者近 200 家，带来琳琅满目的盆景、桩材及紫砂盆器等，既为展览增辉，也为探索盆景产业发展积累了经验。

展览期间，绍兴市人大常委会副主任傅陆平出席开幕式并为获奖作品颁奖，绍兴市人民政府副市长陈伟军、绍兴市人大常委会一级巡视员王继岗、浙江省香榧产业协会秘书长童品璋等到展场参观，对发展绍兴盆景文化、打造绍兴独有的香榧盆景产业提出建议。浙江省花卉协会会长邢最荣、浙江省花卉协会盆景分会会长袁心义，及包小平、张静国、杨明来、邱潘秋、楼学文、陈文君、孙建军、杭少波、刘明等嘉宾参观了本次展览。

2023.4.15
第四届中国·淮安精品盆景展暨第二届淮安杜鹃赏花节

2023 年 4 月 15 日，由江苏省淮安市住房和城乡建设局、淮安市园林绿化管理中心、淮安市花木盆景协会主办的第四届中国·淮安精品盆景展暨第二届淮安杜鹃赏花节在瀚悦园开幕。

淮安是苏北国家历史文化名城，有着“运河三千里，醉美是淮安”之美誉。2021 年 5 月，淮安市企业家曹立波联合张亚洲、汤华、蔡一兵、章淮等人发起成立淮安市花木盆景协会，并连续举办盆景展览与学术交流活动，带动淮安盆景行业，取得众多成绩。曹立波先生精心打造的瀚悦园是古淮河“运河之都，百里画廊”杜鹃主题景观带的重要组成部分，充分发挥“因杜鹃而红、因盆景而美”的景观特色，精心栽植和培育各种杜鹃，盛花时节的古淮河畔花在园中，人在画中，景在心中，恍如画卷。瀚悦园收购、创作的 3000 余盆精品盆景点缀其间，美轮美奂，不仅成为淮安新的打卡地，也成为展示、传承盆景艺术的新基地。

此次盆景展期间，组委会举办了市民花间打卡、省市主流媒体聚焦展会、摄影比赛、书画采风、公益赏花等系列活动。游客在园中不仅可以欣赏到“杜鹃绽放映长空，花海无垠耀眼红”的绝佳美景，还可以感悟盆景作品“得精气神之三昧，融诗书画于一盆”的艺术魅力。

2023.4.16

2023 中国·扬州水旱盆景邀请展

2023 年 4 月 16 日，由江苏省扬州市江都区发展和改革委员会、江都区农业农村局、江都区文化体育和旅游局主办，江都区仙女镇人民政府、江都区丁伙镇人民政府、江苏阿波罗花木市场发展有限公司、江都区园林与盆景艺术家协会承办的 2023 年中国·江都花木盆景艺术节在江苏阿波罗花木市场开幕。

作为此次艺术节重要组成部分的 2023 中国·扬州水旱盆景邀请展同期在扬州山水园举办，共有来自南京、苏州、盐城、连云港、靖江、泰州，以及扬州市仪征及江都区园林与盆景艺术家协会选送的水旱盆景佳作 80 余盆参展，精品云集，佳作纷呈，充分展示了水旱盆景独有的神韵。来自全国各地的水旱盆景创作高手赵庆泉、田一卫、王如生、孟广陵、张志刚、盛影蛟、盛定武、孙龙海、郑志林、徐永春、刘传富、姜文华、田原，及江都区园林与盆景艺术家协会燕永生、严龙金、丁春桥、丁昕、周波等相聚一堂，现场创作水旱盆景，探讨技艺，为推动水旱盆景艺术发展建言献策。

水旱盆景融合山水盆景与树木盆景之长，是继承传统树石文化、拓展盆景创作形式、体现中国独特文化气质的盆景类型。水旱盆景有着中国画般的写意效果，能借景抒情，能体现寄情自然山水的情怀。扬州市江都区是中国花木之乡，是扬派盆景的发源地，盆景文化传承深厚。

2023.4.18

2023 义乌市春季盆景艺术展

2023 年 4 月 18 日至 23 日，由浙江省义乌市风景园林学会盆景分会主办的“西崮梵音 品英嚼华”2023 义乌市春季盆景艺术展在西崮寺成功举办。

义乌市位于浙江省中部，是全国首个县级市国家级综合改革试点，是全球著名的小商品集散中心，被联合国、世界银行等国际权威机构确定为世界第一大市场。义乌盆景文化传承深厚，民营经济活跃，地处金衢盆地东部，市境东、南、北三面群山环抱，盆景植物资源丰富，义乌盆景爱好者众多。在义乌市盆景前辈、历任义乌市风景园林学会盆景分会会长盛光荣、刘金生、金光利、楼学文、陈劲松等带领下，义乌市盆景交流活动频繁，连年举办各种形式的盆景展，极大地推动了义乌盆景事业的发展。义乌盆景树种丰富，五针松、雀梅、天目松、榆树、黑松、真柏以及老鸦柿、金豆、山楂等观果类盆景都有众多佳作。

西崮寺位于义乌市后宅街道，始建于南宋，原名西崮庵，后遭损毁。1985 年开始重建西崮庵，并更名为西崮寺。此次 2023 义乌市春季盆景艺术展汇集盆景作品 100 余件，树种丰富，佳品荟萃，吸引了浙江省各地盆景爱好者前来观摩、交流。

2023全国精品盆景展暨盆景交易大会

2023.4.26

2023年4月26日，备受业界瞩目的2023全国精品盆景展暨盆景交易大会在江苏如皋国际园艺城开幕。中国花卉协会会长江泽慧，中国生态文化协会会长刘红，中国花卉协会副会长赵良平、秘书长张引潮，中国盆景艺术家协会会长鲍世骐、秘书长苏放，中国风景园林学会花卉盆景赏石分会理事长陈昌，中国花卉协会盆景分会会长施勇如、秘书长郝继锋以及有关部门领导出席了开幕式。

全国精品盆景展连续五次在如皋举办，已成为如皋市委市政府和中国花卉协会盆景分会联合打造的重要展会品牌之一。本次展览以"匠心浓缩自然 添意诗画生活"为主题，由如皋市委市政府、中国花卉协会盆景分会主办，中国盆景艺术家协会、中国风景园林学会花卉盆景赏石分会、盆景乐园网站、如皋高新技术产业开发区、如皋市花木盆景产业联合会、如皋盆景直播分享中心协办。

本次全国精品盆景展共有来自上海、辽宁、江苏、浙江等18个省市318件作品参展，不同树种、不同类型、不同风格、不同技艺的精品盆景集中展示，为观众带来一场精彩的盆景艺术盛宴。

盆景交易大会采取摊位交易、双线拍卖、直播带货等多种方式进行，全国各地盆景及相关资材生产经营商、盆景藏家、网络主播齐聚如皋，开展各种营销活动，促进了盆景产业交流。

2023.4.26

景融——第二届山东盆景精品展暨全国名家盆景书画作品展

2023 年 4 月 26 日，由山东省盆景协会联盟、山东奥正集团主办的“景融——第二届山东盆景精品展暨全国名家盆景书画作品展” 在山东临沂琅琊园开幕。本届展览精选来自山东、上海、江苏、广东、福建、河南等省市的盆景作品 150 余件，以及王镛、史国良、王明明、范扬、鲍贤伦、刘彦湖、星云法师等名家书画作品 60 余幅，书画与盆景同场布展，彼此融合，交相辉映。

琅琊园是山东奥正集团投资兴建，由奥正集团总裁、山东省盆景协会联盟主席殷志勇先生策划创意，由中国盆景艺术大师范义成历时近 10 年精心打造的现代园林匠心之作。琅琊园占地 150 亩，以松桧、沉积岩及仿古建筑为主要表现元素，其中属沉积岩类的石头用量最大，达数十万吨，都经过范义成先生反复审视，每一块石头都找到尽展其美的位置。与石相辅相成的是形态各异的老松，或傲立于嶙峋石隙，或倒挂于绝壁裂缝，或散植于幽谷沟壑，或群栽于石砾中，松与石完美结合，让观者身临其境，浮想联翩，再现华山之险，泰岱之雄，匡庐之秀。琅琊园既有北方园林的粗犷雄浑、磅礴气势，又有江南园林的优美隽永。

琅琊园建设初成之时，就连年举办盆景、书画展，弘扬传统文化。从景至、景粹，到景象、景融，琅琊园已成功举办数次盆景书画展，汇集众多名家大师佳作，成为传承盆景与书画艺术的殿堂，琅琊园举办的系列艺术展与学术交流活动已经成为临沂的文化名片，享誉业界。

2023.4.28

“泰山杯”首届山东省精品盆景邀请展

2023年4月28日上午，由山东省盆景协会联盟主办，泰安市泰山盆景协会承办，泰山区邱家店镇人民政府、泰安市泰山区林业保护发展中心、泰安市苗木花卉协会、泰安园林企业协会、泰山国际花木城协办的“泰山杯”首届山东省精品盆景邀请展在泰山国际花木城开幕。泰安市林业局党组成员、副局长焦明，泰安市泰山区委常委、副区长房宝玉，泰山国际花木城总经理程兆海及来自全国各地的盆景界嘉宾参加开幕式。

泰山为五岳之首，雄峙天东，泰松、汉柏、唐槐等名木辉映，历史悠久。丰富的黑松、侧柏、赤松等树木资源及深厚的文化底蕴给了泰安盆景爱好者得天独厚的条件，泰安盆景以粗犷豪放、苍劲挺拔享誉业界。泰安不仅有庞大的盆景爱好者队伍，也是侧柏、黑松等盆景桩材及黑松、油松等景观树的聚散地，盆景及景观树产业发展蓬勃。

“泰山杯”首届山东省精品盆景邀请展共展出盆景精品114件，经评审会成员张宪文、谢继书、张志刚、史佩元、郑志林、李云龙、石景涛等评比，共评出金奖作品9件、银奖作品19件、铜奖作品33件。

武汉第十二届盆景展暨首届“佳鑫杯”盆景名园名作邀请展

2023.4.29

花漾江城山水美，荆楚大地盆景秀。2023 年 4 月 29 日，武汉第十二届盆景展暨首届“佳鑫杯”盆景名园名作邀请展在湖北百景园开幕。本次展览由武汉市园林和林业局主办，湖北佳鑫花卉园林绿化工程有限公司、武汉市花卉盆景奇石协会承办，湖北省花木盆景协会市场分会协办，武汉东西湖区园林局、武汉临空港经济技术开发区农业发展投资集团有限公司、花木盆景杂志为支持单位。展览不仅有武汉市各区选送的盆景佳作，还邀请了荆州市、宜昌市、黄冈市、荆门市、孝感市等地盆景名园作品，共计 300 余盆，精品荟萃，佳作纷呈，冯连生、章征武、李汉生、祁建民等人组成评委会，对参展作品进行了评选。

武汉两江交汇，百湖竞秀，独有的山水资源给了盆景艺术家从自然中寻找创作源泉的宝库。“晴川历历汉阳树，芳草萋萋鹦鹉洲”“伯牙善鼓琴，钟子期善听”等诗词与典故源于武汉，古琴台犹在，高山流水遇知音的典故已传颂千年。正是武汉深厚的文化底蕴给了盆景艺术家无限的创作灵感，武汉盆景自 20 世纪 80 年代就在全国独树一帜，以中国盆景艺术大师贺淦荪为代表的老一辈武汉盆景人开创性提出了动势盆景及树石组合多变盆景理论，并创作了一大批享誉业界的经典作品。武汉在 1989 年承办了第二届全国盆景展，为推动中国盆景事业的发展做出重要贡献。

此次武汉市第十二届盆景展暨首届“佳鑫杯”盆景名园名作邀请展恰逢其时，首次采用了企业与协会联合办展模式，也是寻求优势互补、合作共赢的有益尝试。主办方特别邀请清华大学李树华教授进行盆景文化学术讲座，参会的盆景爱好者获益良多。此次展览的作品规模与品质，都超越了历届武汉市盆景展览，为武汉乃至湖北盆景界提供了一次高水准的交流机会，必将成为推动武汉盆景事业疫后重振、快速发展的新起点。

2023.4.29

首届贵州省盆景赏石文化艺术节

2023 年 4 月 29 日，首届贵州省盆景赏石文化艺术节在遵义市红花岗区盆景小镇开幕。本次艺术节由贵州省花卉协会主办，贵州省花卉协会盆景赏石专业委员会、遵义市红花岗区盆景协会、遵义市观赏石协会、遵义苟园盆景有限公司承办。中国花卉协会花文化分会会长、上海交通大学教授周武忠，贵州省花卉协会会长黄贵川，副会长崔嵬、罗惠宁、邓伦秀、张林、何珏良、黄四勇，贵州省花卉协会盆景赏石专业委员会主任苟开金，遵义市观赏石协会副会长孙泽琥、李佑华、龙剑以及有关单位领导出席了开幕式。

多彩贵州，人杰地灵。贵州多山地、丘陵，独特的地理环境和自然条件铸就了贵州壮美的风景，黔山秀水充满诗情画意，为盆景艺术家提供了丰富的创作资源和灵感。贵州盆景近年发展迅猛，成为国内盆景界的一支重要力量。

本届贵州省盆景赏石文化艺术节得到来自贵州、四川、重庆等省市十多家盆景协会的积极响应，共展出盆景作品 300 余件，赏石藏品 200 方，其中盆景树种以金弹子、杜鹃、火棘等杂木为主，诸多作品苍劲雄奇，古朴生姿，其中不乏在国内各级展览中屡获大奖的经典之作，充分展示了西南地区盆景艺术特色。

本届贵州省盆景赏石文化艺术节以“发展乡村旅游，助力乡村振兴”为主题，期间举办了丰富多彩的活动，如盆景现场制作表演、拍卖，戏曲、歌舞、时装走秀等，旨在以高雅艺术引领社会风尚，将本届艺术节办成宣传遵义盆景、扩大交流与合作的盛会。展览组委会还特请周武忠教授做主题讲座，探寻如何进一步将花卉、盆景和乡村旅游相结合，推动花卉、盆景产业健康、快速发展，助力乡村振兴。

2023.6.1 江苏省山水盆景邀请展

山水盆景是中国盆景屹立于世界盆景之林的一朵奇葩。盆景艺人以中国画的画理赋予了山水盆景独特的艺术气息，一峰则太华千寻，一勺则江湖万里，充分展现了王维《山水论》中“丈山尺树，寸马分人”的意境，将广阔的山川湖泊浓缩于小小盆器之内。和树木盆景相比，山水盆景中的山川湖泊“可望、可行、可居、可游”，更为可赏。山水盆景在表达大自然丰富状貌和传达诗情画意方面更为得心应手，同时其所呈现的景象也更加深远广阔，雄浑壮大。

2023 年 6 月 1 日至 13 日，由扬州市瘦西湖风景区管理处主办的江苏省山水盆景邀请展在扬派盆景博物馆成功举办，展览期间不仅展示了近年来扬派盆景博物馆部分山水盆景新作，同时邀请了扬州山水园以及泰州市、南通市等地的作品参展。

2023.6.18

第十届云南省盆景展

2023 年 6 月 18 日至 25 日，由云南省昆明市宜良县人民政府、云南省盆景赏石协会主办，宜良县林业和草原局、宜良县盆景赏石协会、云南苗无缺农业有限公司承办，云南省园林行业协会、云南省观赏苗木行业协会、昆明市园林行业协会、宜良县苗木协会、宜良县园林商会大力支持的以“立体艺术 诗画生活”为主题的第十届云南省盆景展（宜良站）在宜良县云南精品花卉苗木种植基地成功举办。

“云南省盆景展”是云南省盆景赏石协会打造的展会品牌，20 余年来先后在昆明、蒙自、昭通、曲靖、通海等地成功举办了九届，推出了大量优秀作品及人才，备受业界好评。第十届云南省盆景展以“传承优秀文化，助力乡村振兴”为宗旨，实行宜良县、砚山县稼依镇以及昆明滇池国际会展中心三站巡回展出的方式，展出云南省盆景赏石协会会员盆景作品 307 件。

宜良县为第一站，由中国盆景艺术大师王选民、刘传刚、王如生等 3 名评委，云南省盆景赏石协会监事长王琳、监事字颖杰等 2 名监委组成的评审团进行严格评比，共评出金奖作品 14 件、银奖作品 33 件、铜奖作品 48 件。

6 月 28 日至 7 月 3 日，第十届云南省盆景展第二站在文山壮族苗族自治州砚山县稼依镇同安盆景一条街举办。展览旨在依托文山的文化资源，让盆景文化在美丽乡村建设中发挥积极的作用，丰富人民的文化生活。此站评委为中国盆景艺术大师田一卫、张志刚和国际盆景协会（BCI）大师吴德军。

7 月 6 日至 7 月 10 日，第十届云南省盆景展第三站在昆明滇池国际会展中心举办。借助创办于 2007 年，通过全球展览业协会认证的国际品牌展会——中国昆明国际石博会的品牌优势，云南盆景与国际展会相融合，进一步扩大了影响力。此站评委为中国盆景艺术大师赵庆泉、谢克英、徐昊。

2023.9.23

第五届京津冀盆景艺术展

金秋时节，花果飘香。2023 年 9 月 23 日，由石家庄植物园与河北省盆景雅石行业协会共同主办的第五届京津冀盆景艺术展在石家庄植物园开幕。石家庄市园林局总园艺师王璟，石家庄植物园党总支书记公文才，北京市盆景协会副会长杨金胜，天津市花卉盆景协会会长王志新，河北省盆景雅石行业协会常务副会长马景洲、副会长徐晓鸣、秘书长黄河等出席了开幕式。

京津冀三地地缘相接，气候相近，文化底蕴深厚且同承一脉，盆景艺术的发展多有相通之处。为弘扬盆景文化，以高雅艺术引领社会风尚，自 2017 年起，北京市盆景协会、天津市花卉盆景协会、河北省盆景雅石行业协会开始联合办展，以期推动京津冀盆景艺术交流合作，互相促进，协同发展。

本届展览展出三地协会组织的各类盆景作品 155 件，评出金奖作品 19 件、银奖作品 24 件、铜奖作品 30 件。展场环境布置得古朴雅致，与高雅的盆景艺术相得益彰。展品风格多样，各具特色，树种较为丰富，有适生性强的松、柏、榆、枫等，亦有一些南方树种，如榕树、福建茶等。

本届京津冀盆景艺术展展现了三地精品盆景魅力，为三地盆景人提供了一个交流、展示的平台，必将有力促进三地盆景文化的交流和融合，推动三地盆景事业的健康、快速发展。

2023.9.29

2023 年国际盆景大会年度主展览

2023 年 9 月 29 日至 10 月 5 日，万众瞩目的 2023 年国际盆景大会年度主展览在江苏省沭阳县华东花木城成功举办。本次展览作为第十届沭阳花木节的活动之一，由沭阳县人民政府与国际盆景协会（BCI）联合主办。

国际盆景协会（BCI）是一个世界性的盆景组织，于 1963 年在美国成立，会员分布于全球 50 多个国家和地区。为促进盆景艺术和产业的发展，其总部会在世界范围内遴选盆景产业基础雄厚、文化底蕴深厚、艺术氛围浓厚的城市举办各项盆景活动，其中最重要的活动即国际盆景大会年度主展览。2022 年 9 月，沭阳县成功申办 2023 年国际盆景大会年度主展览，是该展览首次落户我国县级城市。

沭阳县地处中国南北地理分界线上，是“南花北移之地、北木南迁之所”，也是全国首批花木之乡。近年来，沭阳县委、县政府高度重视花木产业发展，多措并举，推动传统花木产业实现从苗木向鲜花、种植向园艺、绿色向彩色、地栽向盆栽、线下向线上、卖产品向卖风景转型，花木产业绽放“美丽经济”。沭阳县先后建成周圈盆景长廊、沭阳国际花木城、华东花木城等多个大型盆景市场，并以盆景赛事、盆景培训推动人才队伍建设，先后举办了全国精品盆景（沭阳）邀请展、中国盆景职业技能竞赛、中国盆景学术研讨会、全国盆景展等重大展会活动，引起业界重大反响。

9 月 29 日上午 10 时，2023 年国际盆景大会年度主展览开馆启动仪式在沭阳县华东花木城举行，BCI 主席 Frank Joseph Mihalic，中国风景园林学会花卉盆景赏石分会理事长、BCI 中国区主席陈昌，BCI 中国区荣誉主席吴成发，世界盆景友好联盟主席金世元，中国花卉协会盆景分会秘书长郝继锋，沭阳县委常委、宣传部部长姜若鸣等领导、嘉宾出席了启动仪式。姜若鸣在致辞中表示，本次展览将进一步深化盆景产业的国际国内交流，拓宽沭阳花木产业发展空间，谱写“沭派盆景”文化传承新篇章。陈昌高度评价了本次展览，他认为，展览的举办不仅为广大盆景爱好者提供了一个展示和交流的平台，向世界展示中国盆景独特的艺术魅力，同时能借鉴、吸收其他国家和地区的优秀文化元素，加强与世界各地盆景爱好者交流，共同探讨创新途径，推动中国盆景艺术的国际化发展。

本次展览共展出各类盆景作品 1300 件，展品数量是迄今为止国内盆景展览之最。其中，全国各地精选的 1100 件盆景佳作参加评奖，国际盆景协会（BCI）大师的 200 件作品参展不参评。此外，还展出了 60 幅国际精品盆景图片。由 46 位大师组成评委团队，封闭评选，每位评委对所有参展作品单独打分，汇总统计，力求评奖结果公平、公正。

中国风景园林学会花卉盆景赏石分会理事长、BCI 中国区主席陈昌，中国风景园林学会花卉盆景赏石分会常务副理事长王恒亮，马来西亚盆景艺术创作协会创会会长萧期伦同台献艺，BCI 中国区荣誉主席吴成发进行讲解、点评，联袂为观众奉上盆景艺术大餐。

在 2023 年国际盆景大会年度主展览期间，还举办了新晋国际盆景协会（BCI）大师、BCI 中国区盆景大师颁证仪式。

2023.10.5

西南盆景艺术联合会首届展览会

2023 年 10 月 5 日至 8 日，西南盆景艺术联合会首届展览会在四川省泸州市双桂公园举办。展览会旨在为广大盆景人提供展示盆景作品、进行技艺交流的平台，推动西南地区盆景艺术事业持续健康发展。

此次展览共有 258 件作品参展。中国盆景艺术大师刘传刚、徐昊、魏积泉、邢进科、王元康担任评委，鹿新义、李祥林、郑家华担任监委，共评出金奖作品 13 件、银奖作品 22 件、铜奖作品 40 件。

西南盆景艺术联合会历来重视理论与实践相结合，通过聘请全国知名大师现场授课、专业技术委员会成员交流示范等方式，逐步建立教学培训长效机制。开幕式结束后，组委会特邀刘传刚作“谈树石盆景”、徐昊作“从盆景的三重境界谈盆景制作的学习方法”现场讲座。

2023.10.18

广东省清远市盆景协会首届会员盆景精品展览会

2023 年 10 月 18 日，广东省清远市盆景协会首届会员盆景精品展览会在宫禾元酒店开幕。广东省盆景协会会长黄远颖，常务副会长何伟源、蔡显华、欧继远、王金荣，秘书长邓孔佳，终身名誉会长余镜图、谢克英、张华江、张玉珍，清远市盆景协会会长朱新贵，中国盆景艺术大师郑永泰、韩学年、彭盛材、罗汉生及省内 40 多个盆景协会的代表出席了开幕式。

山水清远，岭南绿都。清远市盆景艺术爱好者自 20 世纪 70 年代起就自发种植、培育盆景，研究岭南盆景艺术。清远市先后涌现出中国盆景艺术大师郑永泰、广东岭南盆景艺术大师王金荣等领军人物以及一大批盆景创作人才和盆景收藏家。在当地市委市政府的大力支持下，清远盆景爱好者队伍不断扩大。2016 年，清远市盆景协会成立，协会在以朱新贵会长为首的领导班子带领下，内外兼修，既重理论，又重实践，协会工作呈现一派欣欣向荣之势。如今协会拥有会员 150 人，会员作品在全国各级展览上屡屡摘金夺银。

本次展览共展出盆景作品 314 件，经谢克英、王振声、林伟栈、杜耀东、欧阳国耀等专家组成的评委团队严格评选，共选出金奖作品 31 件、银奖作品 47 件、铜奖作品 78 件。

第一届盆景贸易发展大会（中国·新沂）2023.11.5

2023年11月5日，第一届盆景贸易发展大会（中国·新沂）（以下简称发展大会）在江苏省新沂市钟吾街道小微盆景产业园开幕。本届展会由新沂市人民政府、江苏汇农天下信息科技有限公司、盆景乐园网、花木盆景杂志社联合主办，赵庆泉、徐昊、樊顺利、王选民、王元康、范义成、李云龙、王如生、谢继书、韦群杰、盛影蛟、张志刚、黄就伟、罗小冬、郝继锋、陆明珍、郭新华、倪民中、程小华、殷志勇、徐淦、王德国、曹立波、汤华、刘洪生、李国宾、任晓明、燕永生、严龙金、吴吉成、李瑞峰、禹端、吴德军、熊俊龙等盆景界知名人士和来自全球30多个国家及地区的400多位嘉宾共同见证盛会开启。

本次发展大会是国内首次以乡村振兴为背景、促进中国盆景贸易发展为主题、推动地方特色产业健康发展为目标的综合性盆景盛会，期望联合国内盆景艺人、电商从业者及资材商家，切实有效推动盆景贸易合作，打造新沂产业融合发展新名片，赋能新沂盆景走向全国、迈向世界。

大汉之源，钟吾故国。新沂为徐连经济带战略支点、淮海经济区重要开放门户、淮海经济区中心城市副中心，交通区位优越，盆景历史悠久，产业基础扎实，是全国黑松盆景重要集散地、“中国小微盆景名城”。20世纪90年代以来，新沂市高度重视盆景产业发展，相继建成盆景创意小镇、盆景电商产业园等盆景园区，从个体商户到规模种植，从粗放种植到精品创作，探索出一条“绿色＋产业＋富民”的

发展路径，逐步将“盆景”打造成“风景”，将“卖苗木”转变成“卖风景”，依托“美丽经济”助力乡村振兴。目前，全市从事盆景生产、销售及加工相关人员近万人，盆景种植、生产基地 20000 余亩，年销售收入达 10 亿元。

艺术无国界，盆景共交流。本届发展大会以“促贸易，增销售”为核心，整合上游中小盆景资源，展会总占地面积达 120000 平方米，活动内容丰富精彩。

本届发展大会盆景展遴选来自全国各地的小品盆景 301 组、大件盆景 232 件参展，精品盆景齐聚一堂、斗艳争辉。经评委王选民、樊顺利、徐昊、盛影蛟、吴德军，监委陆明珍组成的评审委员会严格评选，共评出金奖作品 4 件、银奖作品 8 件、铜奖作品 13 件。此外还通过现场竞赛评出“盆景未来之星”、通过网络票选“最具人气盆景奖”、由各国际协会自主挑选作品颁发冠名奖，并挖掘新沂乡土匠人背后的故事，评出“新沂乡土盆景发展贡献奖”。

“绣水·春晗杯”2023.11.5
2023 浙江省老鸦柿盆景邀请展

2023 年 11 月 5 日，“绣水·春晗杯”2023 浙江省老鸦柿盆景邀请展在浙江省义乌市举办。

本次展览是一次老鸦柿盆景专题展，其指导单位为浙江省风景园林学会，主办方为浙江省风景园林学会盆景艺术分会，由义乌市风景园林学会及其盆景艺术分会承办，浙江绣水建设有限公司、春晗环境建设股份有限公司联合协办。

本次展览汇集了来自浙江省各地优秀的老鸦柿盆景逾 200 盆，虽然是单一树种的专题展，但这些老鸦柿盆景作品的表现形式十分丰富，轩昂伫立的大树型、疏密相间的丛林型、画意浓郁的水旱型、飘然探幽的悬崖型和玲珑别致的小品组合型等一应俱全，不仅展现出老鸦柿树种的独特魅力和优秀的盆景艺术表现力，也展现了老鸦柿盆景创作者精巧的艺术构思和深厚的养护、造型技术。

老鸦柿是当红的观果盆景树种，深得盆景爱好者青睐，本次参展的老鸦柿作品不仅造型丰富，而且都是佳果满枝，其形小巧玲珑，赏心悦目，其色橘黄橙红，鲜亮喜人，这些果实因品种各异而形态多样，仅仅是欣赏这些美妙的秋果，就能让人心生愉悦。纵观展场，红果满枝，秋色满眼，恰好应了本次展览的主题——金秋硕果，共享盛“柿”。

2023.11.18

2023 广西(南宁)盆景精品展

2023 年 11 月 18 日，由广西盆景艺术家协会举办的 2023 广西(南宁)盆景精品展在广西花博园开幕。

广西盆景艺术家协会会长罗传忠、发展总顾问马华成、名誉会长冯大海、常务副会长刘宁胜、秘书长黄昊，广西花卉协会会长韦敏，广东省盆景协会会长黄远颖、终身名誉会长谢克英、副会长杜耀东、李建，广西壮族自治区林业局领导蒋迎红、尹承颖，以及樊顺利、刘传刚、彭盛材、林伟栈、李国宾等专家、大师出席了开幕式，和众多盆景人共同见证八桂盆景盛事。

广西盆景艺术家协会成立于 1989 年，在协会历届领导班子的带领下，广西各地盆景事业发展迅猛，盆景特色产业方兴未艾。广西盆景艺术家协会引导各地因地制宜地发展特色产业，十分注重开展各种艺术研讨活动，培养盆景艺术创作人才，创作队伍不断壮大，技艺水平逐渐提高，涌现出一大批中青年技术骨干，代表广西特色的岭南盆景艺术精品层出不穷。广西盆景艺术家协会选送的作品参加国内各级大赛，均取得好的成绩，使广西盆景得到了全国盆景界的高度关注与好评。

本次盆景精品展，与上一次广西壮族自治区盆景大展时隔 8 年之久。8 年来，广西盆景茁壮成长，日新月异。本次展览牵动了八桂盆景人的心，也是对广西盆景的一次大检阅。展览展出来自广西各地市共计 360 件盆景艺术精品，包含杂木盆景、松柏盆景、山水盆景、水旱盆景等。经由评委主任罗传忠和评委廖天彪、黄贵才、潘宁辉、邓耘、韦志儒、马荣进以及监委马华成、刘宁胜组成的评审委员会严格评审，评出金奖作品 35 件、银奖作品 70 件、铜奖作品 105 件。

2023.11.20

第二届岭南佛教文化节暨海幢寺素仁盆景展

“扶疏挺拔，潇洒轻盈，瘦劲高雅，或一枝清秀，或子母交搭，但求清高淡远，不求枝叶婆娑”是素仁创作的盆景主要特点。“素仁格”盆景产生至今虽然只有半个多世纪，但它以独特的风格，在岭南乃至中国盆景界产生了深远的影响。

2023 年 11 月 20 日至 26 日，由广州市佛教协会主办，广州市海幢寺与广东省盆景协会共同承办的第二届岭南佛教文化节暨海幢寺素仁盆景展在“素仁格”盆景艺术的发源地——广州市海幢寺举办。

此次展览以第二届岭南佛教文化节为契机，汇集了广东省内 200 余盆含“素仁格”盆景在内的各流派精品小微盆景，35 件古董花盆。其中，素仁曾经使用过的“素仁 1 号”与“素仁 2 号”古盆同时展出，展现了素仁盆景艺术的独特魅力和深厚历史底蕴，让我们更好地了解这一优秀文化品牌。

海幢寺住持光秀大和尚表示，近年来，海幢寺对原有的历史文化进行了梳理，素仁盆景作为其中的一项优秀的文化传承，需要继承与保护。

广东省盆景协会会长黄远颖表示，此次展览是 2017 年岭南“素仁格”盆景艺术研讨会的延续，广东省盆景协会通过精心组织、布置，使本次展览呈现良好的视觉效果和艺术深度，旨在打造一个具有影响力的展览品牌，更好地传承和发扬素仁盆景这一岭南艺术奇葩。

2023.11.24

第四届“浙江杯”盆景艺术展暨第八届浙江省盆景技能操作比赛

2023 年 11 月 24 日，第四届“浙江杯”盆景艺术展暨第八届浙江省盆景技能操作比赛在浙江省金华市澧浦花木城开幕。此次活动由中国花卉协会盆景分会指导，浙江省花卉协会、金华市金东区农业农村局主办，浙江省花卉协会盆景分会、金华澧浦花木城承办。中国花卉协会盆景分会会长施勇如、秘书长郝继锋，浙江省花卉协会专家指导委员会主任杨幼平，浙江省花卉协会会长康志雄，金华市金东区副区长方拥军，浙江省花卉协会盆景分会会长袁心义、副会长张静国、秘书长包小平等出席了开幕式。

本届艺术展共展出杭州、宁波、温州、绍兴、台州、嘉兴、湖州、金华、舟山、丽水、衢州等 11 个地市选送的精品盆景 221 件，佳作荟萃，各展风姿。由评委张志刚、吴德军、孙美芳，监委张静国、马平、邵胜光组成的评审委员会依据作品造型的平衡性、协调性和艺术性，层层选拔，优中择优，共评定特等奖作品 10 件、金奖作品 20 件、银奖作品 30 件、铜奖作品 52 件。

在第八届浙江省盆景技能操作比赛现场，30 多位参赛选手使用主办方提供的罗汉松素材，在规定时间内独立完成造型，或高耸挺拔、气宇轩昂，或旁逸斜出、生动流畅，或低悬倒挂、盘曲回旋，为盆景爱好者和从业人员提供了展示和学习的平台，也充分展示了浙江盆景造型技艺。

展会同期举办了浙江省花卉协会盆景分会第三届理事会第一次理事大会。

2023.12.29

浙江·绍兴 2023“华绿杯”迎新盆景艺术展暨香榧盆景精品展

岁末年初，江南风光依旧。水乡绍兴再迎盆景盛事，近 300 件精品盆景汇聚，极具地方特色的香榧盆景登上展台。2023 年 12 月 29 日至 31 日，浙江·绍兴 2023“华绿杯”迎新盆景艺术展暨香榧盆景精品展在诸暨市城市广场成功举办。

此次活动由绍兴市自然资源和规划局主办，绍兴市盆景艺术协会、绍兴市香榧协会、绍兴市花卉协会、绍兴市园艺协会、绍兴市苗木行业协会、诸暨市盆景艺术协会承办。绍兴市人大常委会副主任傅陆平，绍兴市政协副主席凌芳，浙江省林业厅原副厅长邢最荣，浙江省林业局原一级巡视员、浙江省花卉协会专家指导委员会主任杨幼平，浙江省花卉协会盆景分会会长袁心义，绍兴市自然资源和规划局副局长王明虎，诸暨市政协副主席张凯歌，诸暨市自然资源和规划局副局长蔡列钢，绍兴市盆景艺术协会会长冯汉生，绍兴市花卉协会会长、华绿建设有限公司董事长葛华东等领导、嘉宾出席了开幕式。

本次盆景展中，来自越城、柯桥、上虞、新昌、嵊州、诸暨近 300 件盆景佳作齐聚盛会现场，造型各异、各具风姿的精品盆景不仅令广大市民驻足欣赏，还吸引了全国各地的盆景爱好者前来观展。经过组委会严格评选，共评选出金奖作品 30 件、银奖作品 45 件、铜奖作品 85 件，其中香榧盆景作品获金奖 3 件、银奖 7 件、铜奖 15 件。

2023.12.31

郑志林盆景艺术展

2023 年 12 月 31 日上午，郑志林盆景艺术展在南京汤山古林盆景园拉开序幕。世界盆景友好联盟（WBFF）主席金世元、中国花卉协会盆景分会会长施勇如、中国盆景艺术家协会常务副会长徐昊、中国盆景艺术大师赵庆泉、江苏省周易文化研究会常务副会长兼秘书长李瑞峰和本次盆景艺术展主办者郑志林在开幕式上先后致辞。

世界盆景艺术家社团创始人江职宏，德国 *Bonsai Art* 杂志社主编 Heike，波兰盆景艺术家 Wlodzimierz，中国盆景艺术家协会会长鲍世骐、常务副会长樊顺利，中国花卉协会盆景分会秘书长郝继锋，上海盆景赏石协会会长郭新华、终身名誉会长陆明珍，山东盆景协会联盟主席殷志勇、常务副主席范义成，中国盆景艺术家协会副会长、中国花卉协会盆景分会副会长盛影蛟，中国盆景艺术家协会副会长吴吉成，广州盆景协会顾问黄就伟、会长罗小冬，淮安市盆景艺术协会会长曹立波，扬州市江都园林与盆景艺术家协会会长严龙金，中国盆景艺术大师黄敖训、李云龙、王选民、邢进科、谢继书、王如生、孙龙海、盛光荣、王元康，BCI 国际盆景艺术大师吴德军、孟广陵、楼学文，“中国风”盆景展常务顾问蔡久宝，江苏汇农天下信息科技有限公司董事长马双阳等嘉宾共同出席了开幕式，来自全国各地的盆景爱好者近 400 人欣然观礼，共襄艺展。

郑志林先生是土生土长的南京人，自年轻时就十分热爱盆景艺术，将其视为毕生追求的事业。从 1983 年至今，他四十年如一日地沉浸在盆景艺术创作和探索中，持之以恒，成果丰硕。他的盆景创作选材不拘一格，技艺全面，形式丰富多样，创意斐然，风格独具，不仅松柏和小微盆景作品在业界有口皆碑，在杂木、山水和水旱盆景作品的创作上也造诣深厚，深得盆景爱好者青睐。

本次盆景艺术展，集中展出了郑志林先生经典代表作品近 200 件，其中大中型盆景作品 120 余件，小微盆景组合作品 60 余组。这些展出的盆景作品涉及松柏、杂木、水旱、山水和小微组合等类别，造型精妙，立意隽永，或写苍松翠柏之风神洒荡，或肖疏林浅流之意境悠远，或状寸树拳石之玲珑雅致，可谓纳大千于一盆，尽展自然之神韵。令人由衷感慨的是，本次展览上的每一件作品，都是郑志林先生历经数十年光阴，从毛坯甚至是幼苗循序渐进培养而来，始于毫末而蔚然成景，这不仅反映出盆景艺术创作的漫长和艰难，更反映出郑志林先生对中华盆景艺术矢志不移、笃行不怠的热爱之心。

在四十年的盆景艺术生涯中，郑志林始终坚持着两个理念。第一个是快乐玩盆景，摒弃功利心。他联合盆景界同好，于 2010 年创办了盆景乐园网，十余年来与大家齐心协力，以自由参展、免去评奖的形式举办了 18 次各类盆景展会，开辟了国内小微盆景专类展的先河，打造了业内知名的“中国风”盆景展品牌。第二个是提倡苗培盆景素材，杜绝山采，以保护生态环境，促进盆景艺术的可持续发展。

第二章

松柏盆景

SONGBAI PENJING

年度致敬作品

无题
树种：真柏
作者：樊顺利

年度致敬作品

从风云
树种：黑松
作者：郑志林

年度致敬作品

彩袖轻拂
树种：山松
作者：韩学年

年度致敬作品

望岳
树种：五针松
作者：徐昊

年度致敬作品

青山云中客
树种：真柏
作者：李财源

年度致敬作品

松风入鼎岁悠长

树种:黑松

收藏:瀚悦园

年度致敬作品

一林幽梦
树种：真柏
收藏：苏州遂苑

年度致敬作品

大地情怀
树种:黑松
作者:李运平

年度致敬作品

傲骨凌风
树种:真柏
作者:石景涛

年度致敬作品

无题
树种:真柏
作者:吴德军

年度作品 ▶

无题
树种：黄山松
收藏：刘赟

南柯

树种：赤松

作者：胡春方

无题
树种：真柏
作者：樊顺利

古木生辉

树种：黑松

作者：魏积泉

青云流瀑
树种：真柏
作者：朱顺如

祥和图

树种:五针松

作者:蔡久宝

情深
树种:津山桧
收藏:陈献军

无题

树种:黑松

作者:郑志林

秦汉风云
树种:崖柏
作者:李国宾

坦荡

树种：五针松

作者：胡仲平

高山流水
树种：地柏
作者：张付强

永相随
树种：大阪松
作者：姚金龙

柏韵
树种:刺柏
收藏:朱惠祥

展翅欲飞
树种:真柏
作者:章辉

迎朝阳
树种：五针松
作者：孙友祥

腾云欲试
树种:赤松
作者:郑国平

江风
树种：真柏
作者：张辉安

苍龙回首

树种:黑松

作者:娄启拾

斂风霜
树种：刺柏
作者：郑志林

无题
树种:真柏
作者:徐止正

大唐古韵
树种：真柏
作者：孙月飞

行云流水
树种：真柏
作者：章明如

鹤引松风
树种：五针松
作者：周运忠

岱顶雄风
树种:真柏
作者:陆继龙

钟灵毓秀
树种：真柏
作者：唐森林

老当益壮
树种：真柏
作者：石凯

唐柏风韵
树种：新西兰柏
作者：孙勇

九霄寒翠
树种：真柏
收藏：屹苑

无题
树种：真柏
作者：禹端

无题
树种：大阪松
作者：盛光荣

古松出岫来
树种：马尾松
作者：沈阿龙

不离不弃
树种:黄山松
作者:陈溪能

临崖不惧
树种：刺柏
作者：郭振宪

勿忘在莒

树种：真柏

作者：林明辉

汉柏遗韵

树种:真柏

作者:方正满

苍穹岁月

树种:真柏

作者:许辉

苍穹
树种:真柏
作者:张忠涛

玉树临风

树种:真柏

作者:安卫军

无题
树种:地柏
作者:张有江

古柏萦春
树种:真柏
作者:李金才

万木成荫
树种：真柏
作者：许永平

涅槃
树种:五针松
收藏:沈水泉

第三章

杂木盆景

ZAMU PENJING

年度致敬作品

王者至尊
树种：香楠
作者：陈昌

年度致敬作品

巧剪舞灵枝
树种：对节白蜡
作者：韩学年

年度致敬作品

双龙会风云
树种:对节白蜡
作者:邵火生

年度致敬作品

大风歌

树种:九里香

作者:陈昌

年度致敬作品

奇韵风华
树种:对节白蜡
作者:胡大宇

年度致敬作品

三千尺

树种：三角梅

作者：梁千枝

年度致敬作品

古榕风采

树种：榕树

作者：黄丰收

年度致敬作品

无题
树种:对节白蜡
作者:王金荣

年度致敬作品

惠风和畅
树种：三角枫
作者：刘胜才

年度致敬作品

傲骨雄风
树种:清香木
收藏:毓园

年度作品 ▶

粤韵春秋
树种：红果
作者：彭永昌

榆林春色

树种：榆树

作者：王庆云

枫林秀色
树种：榆树
作者：黄学明

山水之间
树种：榆树
作者：邱潘秋

春回华夏

树种：榆树

作者：周盛炳

万马奔腾
树种:榕树
作者:王景林

忆清绝
树种：雀梅
作者：陈昊

山林野趣
树种：雀梅
作者：钱汤军

榕翁
树种：榕树
作者：梁志坚

山林春色
树种:雀梅
作者:郑军民

山魂
树种：雀梅
作者：孙友祥

风华正茂
树种:罗汉松
作者:韦志儒

勇立潮头
树种：三角枫
作者：朱达友

柳荫牧马

树种：柽柳

作者：杨自强

秋风雅韵
树种：三角枫
作者：楼建甫

枯树赋

树种:铁马鞭

作者:陈定新

古榆雄风
树种：榔榆
作者：朱红杰

春雨潇潇
树种：榕树
作者：李文彬

古木瑶林
树种：雀梅
作者：朱本南

风情万种

树种:雀梅

作者:吴华东

古林逢春

树种：榆树

作者：黄振所

流金舞蹁跹
树种：雀梅
作者：蔡显华

丛山峻岭

树种：榆树

作者：徐立新

若隐若现云中龙

树种：山橘

作者：李锦伟

榆林幽谷
树种：榆树
作者：赵铁峰

相伴一生
树种:榆树
作者:李进善

松下独酌
树种:罗汉松
作者:裴家庆

无心也活五百年

树种：榆树

作者：林华清

华夏春意
树种:黄荆
作者:张顺舟

大地之歌
树种：榆树
作者：吕和法

苍龙出涧
树种：榆树
作者：许瑞华

五代翰林

树种:雀梅

作者:郭永新

大风吹
树种：九里香
作者：钟志勇

龙抬头
树种:雀梅
作者:麦绍基

傲骨峥嵘
树种:木榉榄
作者:雷海辉

春意盎然
树种：杜鹃
作者：杨彪

版纳风情
树种：榕树
作者：吕绍先

鹤舞
树种:雀梅
作者:赵德良

第四章

山水盆景

SHANSHUI PENJING

年度致敬作品

山居即事
材种：真柏、济南青石
收藏：山水境文创

年度致敬作品

纤魂
树种：米叶冬青
作者：田一卫

年度致敬作品

风景这边独好

石种:孔雀石

作者:乔红根

年度致敬作品

我言秋日胜春朝
石种:风凌石
作者:黄大金

溪山风雨图
石种:孔雀石
作者:郭少波

年度作品 ▶

高峡出平湖
树种:真柏、六月雪
作者:舒杰强

山舞银蛇
石种：国画石
作者：钟旭贵

灵山秀水
树种:黄杨
作者:麻云高

烟江叠嶂
材种:枸子、石灰石
作者:太云华

赤壁
石种：龟纹石
作者：王志龙

惊涛一笑万山去

材种：米叶冬青、真柏、薄雪万年草、黄金万年草、龟纹石

作者：田原

初春

石种:宣石

作者:刘树彬

千里江山图
石种：蓝铜矿石
作者：瞿文华

春江放筏
石种：绿松石
作者：符灿章

奇秀江南
材种:真柏、龟纹石
作者:蔡朝

江山图

石种:斧劈石

作者:王妙青

桃源寻踪
材种:真柏、石灰石
作者:金玉强

山水情
材种：真柏、米叶杜鹃、宣石
作者：汪建才

山岛竦峙

材种:真柏、英德石

作者:徐春方

景韵云岭

材种:真柏、六月雪、石灰石

作者:曾庆海

江山如画
材种:枸子、斧劈石
作者:周宽祥

腾越山魂

石种:石灰石

作者:刘俊

天门中断楚江开
石种:石灰石
作者:俞志波

石林竞秀
树种：博兰
作者：侯明刚

日映岚光轻锁翠
材种：真柏、龟纹石
作者：刘永平

独见寒山
材种:真柏、国画石
作者:曹通

第五章

水旱盆景

SHUIHAN PENJING

年度致敬作品

垂青
树种:璎珞柏
作者:郑志林

年度致敬作品

梦里水乡
树种：榆树
作者：向莉

年度致敬作品

在希望的田野上
树种:博兰
作者:刘传刚

年度致敬作品

古渡沧浪
材种:金弹子、龟纹石
作者:田一卫

年度致敬作品

风云舞
树种：博兰
作者：王礼勇

年度致敬作品

涛声依旧
树种：大阪松
作者：孟广陵

年度致敬作品

乡愁
材种:榆树、龟纹石
作者:李明新

年度致敬作品

日月同辉
树种：真柏
作者：李财源

年度致敬作品

不险不奇
树种：新西兰柏
作者：孙勇

年度致敬作品

博林清泉石涧流
树种:博兰
作者:陈赞儒

年度作品 ▶

众志成城
树种：大阪松
作者：康传健

历阅春秋
材种:铁马鞭、英德石
作者:陈金宝

渔樵问对
树种:真柏
作者:金光利

百鸟闹林
树种:对节白蜡
作者:黄启忠

明月松间照
树种:黑松
作者:丁昕

渔舟唱晚
树种:博兰
作者:李洪伍

悟景秋色
树种:真柏
作者:陈棉富

观海听涛

树种：雀梅

作者：邝伟强

听涛

树种：大阪松

收藏：扬派盆景博物馆

暮烟枫林

树种:三角枫

作者:邱似梦

一览众山小
树种：朴树
作者：康育松

舞弄清风
树种：对节白蜡、榆树
作者：舒杰强

沂蒙之春
树种：真柏
作者：杨文兴

浣纱江畔
树种:榆树
作者:赵武年

临渊羡鱼
树种：五针松
作者：陆曾强

风舞神州

树种：榆树

作者：潘永华

砥砺前行
材种:真柏、英德石
作者:严龙金

古柏清池
树种:地柏
作者:张林

幽亭秀木

树种：三角枫

作者：张延信

山村风情
树种:真柏
作者:邢升清

鹊桥新姿跨琼州
树种：博兰
作者：周清肖

鉴水悠悠
树种:榆树
作者:周孟松

渺渺烟雨沁林间
材种：米叶冬青、龟纹石
作者：田原

溪间松影

树种:大阪松

作者:周波

第六章

附石盆景

FUSHI PENJING

年度致敬作品

独鹤清幽
树种:罗汉松
作者:肖宜兴

年度致敬作品

古城遗韵

树种：六角榕

作者：何锦标

年度致敬作品

相依
树种：榆树
作者：叶文安

年度作品 ▶

无题
树种：山松
作者：何永康

前山横翠

树种：榆树

作者：周家洪

无题

树种：朴树

作者：吴世业

一缕春风过南天
树种:三角梅
作者:巫跃君

寂静的山林
树种:榆树
作者:张福禄

运筹帷幄
树种：雀梅
作者：潘炳康

赤壁怀古
树种：榆树
作者：张望忠

无题
树种:三角梅
作者:林炽

跨越

树种：榆树

作者：陈惠仙

云中君
树种：山橘
作者：林金和

橘石缘
树种：山橘
作者：胡耀坤

第七章

花果盆景

HUAGUO PENJING

年度致敬作品

疏影
树种:梅花
作者:赵庆泉

年度致敬作品

春色
树种:三角梅
作者:李善庚

年度致敬作品

奔月
树种：杜鹃
作者：何宣生

年度致敬作品

树石天成
树种:西印度樱桃
作者:黄就成

年度致敬作品

万事如意
树种:老鸦柿
作者:江勇胜

年度作品▶

蛟龙探海
树种：金弹子
作者：谢天龙

蝶恋花
树种：小叶羊蹄甲
作者：和文华

探春

树种：杜鹃

作者：冯汉生

无题
树种：老鸦柿
作者：何寅芳

丰收在望

树种:木瓜

作者:韩世良

喜庆

树种：胡颓子

作者：鲍爱华

一帆风顺
树种:金弹子
作者:蔡勇

春华秋实
树种：老鸦柿
作者：洪伟年

香白

树种:络石

作者:楼学文

猛虎回头
树种:金弹子
作者:龙远洋

脉动

树种:老鸦柿

收藏:淮安市花木盆景协会

春归
树种:迎春
作者:黄大金

云涌如流
树种:三角梅
作者:褚国球

鸿运

树种：老鸦柿

作者：汤华

春晖
树种：杜鹃
作者：任恭斌

水乡风情
树种：胡颓子
作者：柯汉杰

杜鹃人生
树种：杜鹃
作者：刘国尧

俏佳人
树种:杜鹃
作者:马青山

老骥伏枥
树种：石榴
作者：任宏涛

摇曳生姿
树种：杜鹃
作者：楼建甫

绿云倾卿
树种：杜鹃
作者：燕永生

颂秋

树种：老鸦柿

作者：钟江琦

武夷山水
树种:老鸦柿
作者:杨少平

瑶池榴影

树种：石榴

作者：赵云国

铁骨雄姿

树种:老鸦柿

作者:张辉安

相思
树种：枸子
作者：许万明

无题
树种:金弹子
作者:王冲

火红的年代
树种：老鸦柿
作者：王炘

水流花落亦从容
树种：紫荆
作者：王程

共沐秋风庆丰收
树种：金弹子
作者：鹿新义

无题

树种:石斑木

作者:陈允源

第八章

小品盆景

XIAOPIN PENJING

年度致敬作品

雅意入怀
树种：黑松、黄杨、水杨梅、长寿梅、三角枫、鸡爪槭等
作者：郑志林

年度致敬作品

江南水乡图
树种：榆树、金叶女贞、真柏、金雀、黄杨、枸子等
作者：王元康

年度致敬作品

传承
树种：真柏、黄栌等
作者：谭有顺

年度致敬作品

古寨晨韵
材种:矿物晶体
作者:顾宪旦

年度致敬作品

揽胜·探幽
树种：榆树
作者：李飙

年度作品▶

逸景秋韵

树种：火棘、山楂、老鸦柿等

作者：张延信

江山如画
树种：米叶冬青、雀梅、胡颓子、榆树、侧柏、枸子等
作者：芮成

掌上乾坤

树种：大阪松、金边女贞、真柏、对节白蜡、米叶冬青、胡椒木、金豆等

作者：倪民中

梁溪之春
树种：真柏、缩缅葛、三角枫、长寿梅、黑松等
作者：周烨

树石缘

材种：金雀、孔雀石等

作者：许宏伟

秋色亦可

树种：真柏、枸子、六月雪、迎春、胡颓子、金雀等

作者：许松

故乡的回忆
树种:榕树
作者:马景洲

争荣

树种：黑松、石化桧、三角枫、榆树、真柏、木通等

作者：方志刚

泉声带雨出溪林

树种：五针松、黑松、胡颓子、榔榆、金雀、火棘等

作者：吴鸣

秋意
树种：老鸦柿
作者：姬一帆

道骨仙风

树种：火棘、杜鹃、姬樱桃等

作者：刘德祥

聆听岁月语
树种：黑松
作者：杭少波

秋韵

树种：枸子、黑松、石榴、罗汉松、老鸦柿、榆树等

作者：束存一

古韵

树种：黑松、雀梅、大阪松、金边女贞、金雀、榆树等
作者：陈荣

翠绿红珠

树种：真柏、石榴、榔榆、黑松、雀梅、鸡爪槭等

作者：李雷

诗意情深

树种：六月雪、系鱼川真柏、榔榆、鸡爪槭等

作者：王军

清秋茶语
树种:石榴、火棘、金弹子、真柏、黑松、罗汉松等
作者:钟江琦

撷秀
树种：黑松、三角枫、真柏、金弹子等
作者：方解林

金遐年丰

树种：黑松、三角枫、金弹子、米叶冬青、长寿梅、枸骨等

作者：季保宇

悠然

树种：黑松、火棘、鸡爪槭、长寿梅、扁柏、榆树等

作者：张保军

不二
树种:瓜子黄杨、榉树、对节白蜡、雀梅、老鸦柿、黑松、胡椒木等
作者:葛春雷

翠林雅集

树种:黄杨、鸡爪槭、栀子、火棘、榆树等

作者:汪益

无题

树种:黑松、黄杨、金弹子、石榴、三角枫等

作者:唐杰

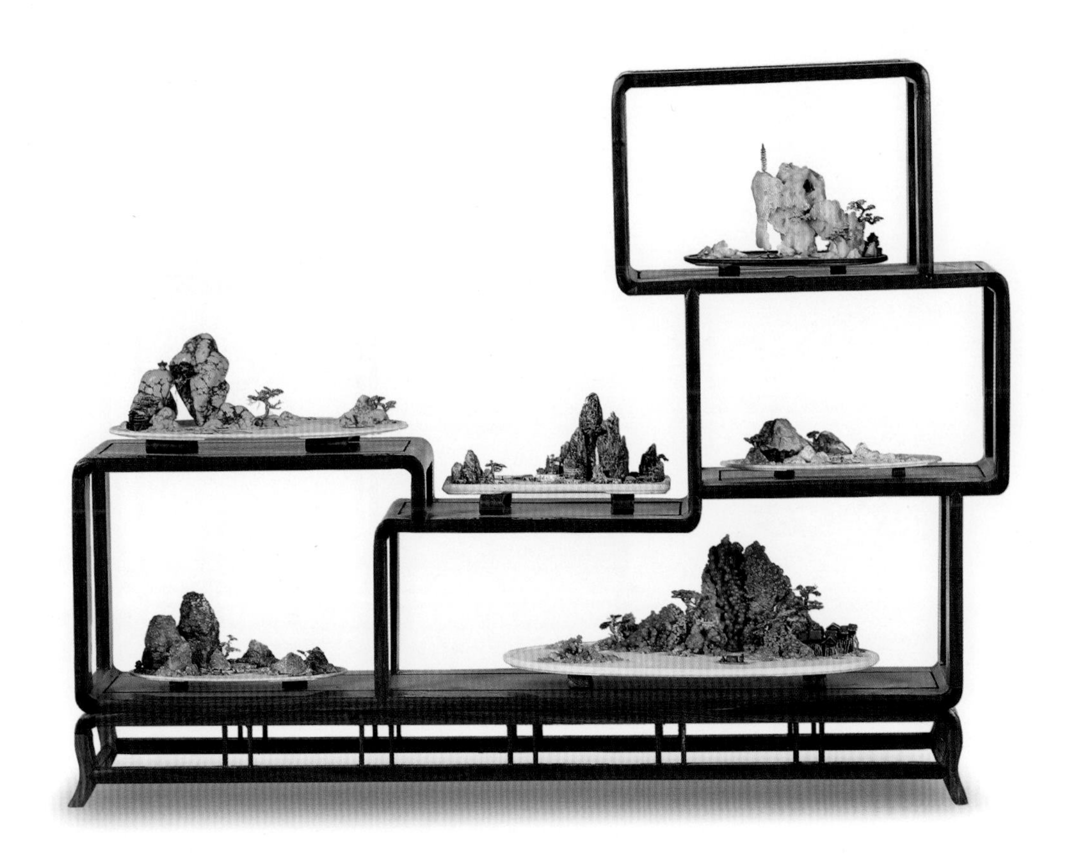

入画
材种：风凌石、绿松石、月光石、葡萄玛瑙、磷灰石、雄黄雌黄共生矿等
作者：瞿文华

秋韵

树种:米叶冬青、三角枫、榔榆等

作者:蒋丽蕊

四季

树种：金弹子、石化桧、红枫、黑松等

作者：陆敏

图书在版编目（CIP）数据

中国盆景年鉴．2023 /《花木盆景》编辑部主编．
武汉：湖北科学技术出版社，2024．8．-- ISBN 978-7
-5706-3474-3

Ⅰ．S688.1-54

中国国家版本馆 CIP 数据核字第 2024CR9542 号

责任编辑：徐　旻　　王志宏　古　丽
责任校对：童桂清　　　　　　　　　　　　　　封面设计：喻　杨

出版发行：湖北科学技术出版社
地　　址：武汉市雄楚大街 268 号（湖北出版文化城 B 座 13—14 层）
电　　话：027-87679468　　　　　　　　　　　邮　　编：430070

印　　刷：湖北新华印务有限公司　　　　　　　邮　　编：430035

889×1194　　1/16　　　　　　18.25 印张　　　100 千字
2024 年 8 月第 1 版　　　　　　　　　2024 年 8 月第 1 次印刷
定　　价：298.00 元
